中等职业教育服装设计与工艺专业系列教材

服装画技法

主 编 彭 华

副主编 李 璇 罗燕梅

FUZHUANG
HUAJIFA

重庆大学出版社

图书在版编目（CIP）数据

服装画技法 / 彭华主编. —重庆：重庆大学出版
社，2021.4
中等职业教育服装设计与工艺专业系列教材
ISBN 978-7-5624-9519-2

Ⅰ.①服… Ⅱ.①彭… Ⅲ.①服装—绘画技法—中等
专业学校—教材 Ⅳ.①TS941.28

中国版本图书馆CIP数据核字（2015）第242405号

中等职业教育服装设计与工艺专业系列教材

服装画技法

主　编　彭　华

参　编　李　璇　罗燕梅

责任编辑：杨　漫　　　版式设计：杨　漫
责任校对：秦巴达　　　责任印制：赵　晟

重庆大学出版社出版发行
出版人：饶帮华
社址：重庆市沙坪坝区大学城西路21号
邮编：401331
电话：（023）88617190　88617185（中小学）
传真：（023）88617186　88617166
网址：http://www.cqup.com.cn
邮箱：fxk@cqup.com.cn（营销中心）
全国新华书店经销
重庆五洲海斯特印务有限公司印刷

开本：787mm×1092mm　1/16　印张：5.5　字数：135千
2021年4月第2版　　2021年4月第4次印刷
ISBN 978-7-5624-9519-2　定价：20.00元

出版说明

　　2010年《国家中长期教育改革和发展规划纲要（2010—2020）》（以下简称《纲要》）正式颁布，《纲要》对职业教育提出："把提高质量作为重点，以服务为宗旨，以就业为导向，推进教育教学改革。"为了贯彻落实《纲要》的精神，2012年3月，教育部印发了《关于开展中等职业教育专业技能课教材选题立项工作的通知》（教职成司函〔2012〕35号）。根据通知精神，重庆大学出版社高度重视，认真组织申报工作。同年6月，教育部职业教育与成人教育司发函（教职成司函〔2012〕95号）批准重庆大学出版社立项建设"中等职业教育服装设计与工艺专业系列教材"，立项教材经教育部审定后列为中等职业教育"十二五"国家规划教材。选题获批立项后，作为国家一级出版社和职业教材出版基地的重庆大学出版社积极协调，统筹安排，联系职业院校服装设计类专业教学指导委员会，听取高校相关专家对学科体系建设的意见，了解行业的需求，从而确定系列教材的编写指导思想、整体框架、编写模式，组建编写队伍，确定主编人选，讨论编写大纲，确定编写进度，特别是邀请企业人员参与本套教材的策划、写作、审稿工作。同时，对书稿的编写质量进行把控，在编辑、排版、校对、印刷上认真对待，投入大量精力，扎实有序地推进各项工作。

　　职业教育，已成为我国教育中一个重要的组成部分。为了深入贯彻党的十八大和十八届三中、四中全会精神，贯彻落实全国职业教育工作会议精神和《国务院关于加快发展现代职业教育的决定》，促进职业教育专业教学科学化、标准化、规范化，建立健全职业教育质量保障体系，教育部组织制定了《中等职业学校专业教学标准（试行）》，这对于探索职业教育的规律和特点，创新职业教育教学模式，规范课程、教材体系，推进课程改革和教材建设，具有重要的指导作用和深远的意义。本套教材在《纲要》指导下，以《中等职业教育服装设计与工艺专业课程标准》为依据，遵循"拓宽基础、突出实用、注重发展"的编写原则，具有如下特点：

　　（1）理论与实践相结合。本套书总体上按"基础篇""训练篇""实践篇""鉴赏篇"进行编写，每个篇目由几个学习任务组成，通过综述、培养目标、学习重点、学习评价、扩展练习、知识链接、友情提示等模块，明确学习目的，丰富教学的传达途径，突出了以理论知识够用为度，注重学生技能培养的中职教学理念。

　　（2）充分体现以学生为本。针对目前中职学生学习的实际情况，注意语言表达的通俗性，版面设计的可读性，以学习任务方式组织教材内容，突出学生对知识和技能学习的主体性。

（3）与行业需求相一致。教学内容的安排、教学案例的选取与行业应用相吻合，使所学知识和技能与行业需要紧密结合。

（4）强调教学的互动性。通过"友情提示""试一试""想一想""拓展练习"等栏目，把教与学有机结合起来，增加学生的学习兴趣，培养学生的自学能力和创新意识。

（5）重视教材内容的"精、用、新"。在教材内容的选择上，做到"精选、实用、新颖"，特别注意反映新知识、新技术、新水平、新趋势，以此拓展学生的知识视野，提高学生服装设计艺术能力，培养前瞻意识。

（6）装帧设计和版式排列上新颖、活泼，色彩搭配上清新、明丽，符合中职学生的审美趣味。

本套教材实用性和操作性较强，能满足中等职业学校服装设计与工艺专业人才培养目标的要求。我们相信此套立项教材的出版会对中职服装设计与工艺专业的教学和改革产生积极的影响，也诚恳地希望行业专家、各校师生和广大读者多提改进意见，以便我们在今后不断修订完善。

重庆大学出版社

2015年7月

前　言

　　本书在编写时，针对中职学生的学习习惯、就业的实际需求，采用了大量的图片，图文并茂，并利用步骤图让学生直观地理解所学的内容。在款式图的画法上，作者通过在企业的长期实践总结出了一套既准确又快速的绘制方法——比例模板法，它能使学生在较短时间内掌握并较准确地绘制出各类服装的平面款式图。本书是编者十几年教学经验的总结，也是与企业结合的经验所出，是一本适合中职服装专业或服装培训的教学用书。本书的基础篇由彭华编写，实践篇由李璇和罗燕梅编写，书中的大量图片由四川美术学院和西安美术学院学生提供；在此表示感谢。由于编写时间匆忙，编者水平有限，遇不足之处请多多指正，谢谢！

编　者
2015年8月

目　录

基 础 篇
JICHUPIAN »>

[综　　述]

本篇通过美丽的开始、人体头部的画法、人体手和脚的画法、人体的画法等内容的学习，引导学生认识服装画，对服装画产生兴趣，了解人体头部及手和脚各部位的特点，熟悉人体比例、基本动态特征，进而认识绘制几种常见服装人体动态的方法，为服装款式图、效果图的绘制、表现打下良好的基础。

[培养目标]

①能绘制正面、半侧面人体的头部。

②能记住人体各比例及基本动态特征。

③能绘制2~3种常见的服装人体。

[学习手段]

①通过范画展示、教师引导，学生进行临摹练习。

②实践操作、小组评价，分项目完成学习任务。

>>>>>>>> 学习任务一
美丽的开始

[学习目标] 通过学习,学生了解服装画的一些基本知识,掌握服装画的分类和各种服装画的特点、作用及相互的联系等。

[学习重点] 学生掌握服装画的分类和各种服装画的特点、作用及相互的联系等。

[学习课时] 2课时。

一、服装画的概念与功能

服装画是服装设计者最简便、快捷地反映设计思想的方式,体现了设计者的艺术修养、设计理念、风格、情趣和造型能力。服装画以服装为主体,是表现时尚生活、现实社会气息和时代精神的绘画。

服装画是服装设计师必须掌握的一门基础知识,是设计的初始阶段,也是服装作品的有效媒介和宣传形式。

二、服装画的分类

服装画主要包括时装画、服装效果图和服装平面款式图三种表现形式。

1. 时装画

时装画侧重于感性的艺术表达,注重传达服装的风格和艺术感。时装画力求表现服装产品所营造的生活状态和环境气氛,是理想化、艺术化的表现方式,也是一种理念的传达(图1-1)。

时装画是服装设计思维的视觉化展现,是创意思维的初始过程记录。通过时装画与顾客沟通能达到宣传和推广的目的,这使得时装画具有实用功能;同时,由于其以绘画的形式出现,因此,好的时装画必然具有一定的观赏性,即体现出它的审美功能。

2. 服装效果图

服装效果图是指用于表现服装设计构思的概略性的,快速的绘画,通常着力在服装的结构上。人物服饰大多比例适中,根据需要可以配有文字说明,面料小样及平面展开图。服装的结构

图1-1

图1-2

及外形的描绘力求精准，服装的款式要参考市场及商业
因素（图1-2）。

　　服装效果图的目的性非常明确，功能性始终是被
放在首位的，是把设计师的设计思路清晰地传达给别人
（制版师、客户、设计助理等）的第一有效途径。

3. 服装平面款式图

　　服装平面款式图是表现服装平面的款式特征，包
括结构线、零部件、装饰等（图1-3）。

　　服装平面款式图可以快速记录设计者的设计构
思，同时在成衣生产中，对制作服装有指导性的作用，

相当于"施工图"。所以在款式图的绘制中我们常加上一些服装的规格尺寸、局部放大图、补充

说明、面料小样等，使它更有利于指导生产。在绘制过程中，可以使用直尺、曲线板等辅助工具（图1-4）。

三、服装画的历史

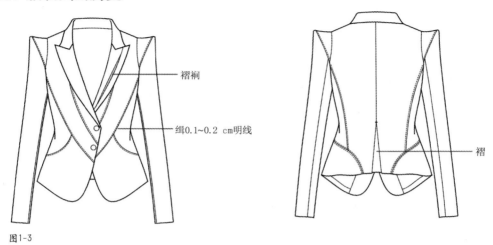

褶裥

缉0.1~0.2 cm明线

褶

图1-3

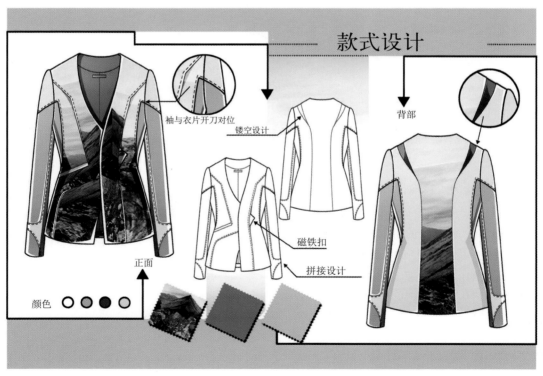

款式设计

袖与衣片开刀对位

镂空设计

背部

磁铁扣

拼接设计

正面

颜色 ○ ◐ ● ◔

图1-4

1672年法国出现了第一张时装报纸，也出现了黑白的服装版画（图1-5）。

1776年欧洲出现了着色的服装版画，但就服装本身来说其塑造相比后期的作品较简单（图1-6）。

19世纪初，服装画进入了新的发展阶段，无论是服装还是配饰其细节都刻画得逼真详尽（图1-7）。

20世纪是服装画的成熟时期，服装画的表现形式受到不同艺术风格的影响，在20世纪初，服装画具有现代服装画的雏形，人物形象概括抽象，服装表现生动（图1-8）。

21世纪是服装画的鼎盛时期，服装画被大量用于商业宣传、企业生产中。服装画吸取了各种绘画的特点，表现形式丰富多样，有类似写意、装饰、卡通等（图1-9）。

試一試

①欣赏课后的服装画图，说说你喜欢哪几张？为什么？
②准备几种服装画的常用工具。

四、学习服装画的常用工具

图1-5

图1-6

图1-7

图1-8

1. 纸张

纸张有素描纸、水彩纸、水粉纸、绘图纸、打印纸、底纹纸等。

素描纸、绘图纸、打印纸的吸水性不强，一般用于画黑白线稿的服装画或服装平面款式图；水粉纸和水彩纸的吸水性较强，一般用于画彩色的服装画；底纹纸可用于表现一些特殊效果的时装画。

2. 画笔

画笔有铅笔、炭笔、针管笔、书法钢笔、毛笔、色粉笔、水彩笔、彩色铅笔、马克笔等。

针管笔、书法钢笔常用于款式图的绘制；毛笔、色粉笔、水彩笔、彩色铅笔、马克笔常用于时装画或服装效果图的绘制。毛笔，我们一般要准备大小各一支：小的用于勾线、画细节等，如眉毛、眼睛；大的用于着色。

3. 颜料

颜料有水彩颜料、水粉颜料、丙烯颜料、国画颜料、油画颜料等。

水彩、水粉颜料是我们常用的服装画绘画颜料，需要特殊效果时也可根据需要选用其他颜料。

图1-9

知识链接

历史上的主要服装画家

埃里克（Eric）是20世纪的画家，他的画代表了巴黎的时尚，创造了简洁、生动、自然的风格。他在*VOGUE*工作达35年。

布歇（Bouche）与埃里克被并称为服装画的"两面旗帜"，1963年去世，他的去世结束了*VOGUE*简洁的风格。

安东尼·鲁匹兹（Antonio Lopez），他的画充满了装饰的魔力，自信与天生的别致情调相结合，使其时装插画作品保持了最精美的时装传统。他的画风格多变，作为时装画家，他引领了20世纪60—80年代的服装时尚。

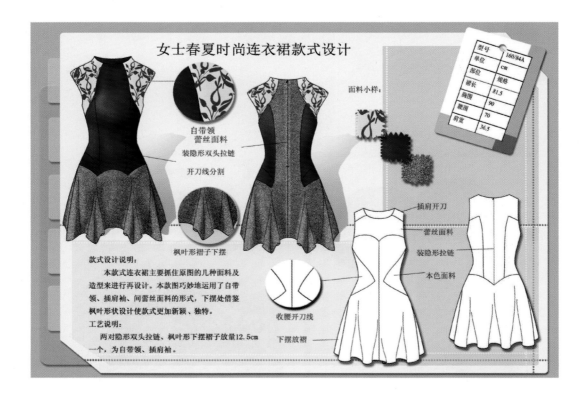

女士春夏时尚连衣裙款式设计

自带领
蕾丝面料
装隐形双头拉链
开刀线分割

枫叶形褶子下摆

面料小样：

型号	160/84A
单位	cm
部位	规格
裙长	81.5
胸围	90
腰围	70
肩宽	36.5

插肩开刀
蕾丝面料
装隐形拉链
本色面料

收腰开刀线

下摆放褶

款式设计说明：
　　本款式连衣裙主要抓住原图的几种面料及造型来进行再设计。本款图巧妙地运用了自带领、插肩袖、间蕾丝面料的形式，下摆处借鉴枫叶形状设计使款式更加新颖、独特。

工艺说明：
　　两对隐形双头拉链、枫叶形下摆褶子放量12.5cm一个，为自带领、插肩袖。

学习要点	我的评分	小组评分	教师评分
我会举例说出服装的功能（30分）			
我能对各种服装进行分类（40分）			
我会简单阐述服装画的历史（30分）			
总　分			

学习任务二
人体头部的画法

[学习目标] 通过了解人体头部各器官的比例、特点，掌握五官的基本画法，并能将它们协调组合在一起。

[学习重点] 眼睛、嘴的画法；头部组合画法。

[学习课时] 6课时。

　　人体的头部主要由面颊和脑颅构成，是人体重要的组成部分。要把头部画好，就必须掌握头部各部位的比例关系、透视变化等。

一、五官的画法

1. 眼睛的画法

　　我们常比喻眼睛是心灵的窗户，它能生动地表达出人的情感变化。在服装画的五官中眼睛是需要重点表现的部位（图2-1至图2-3）。

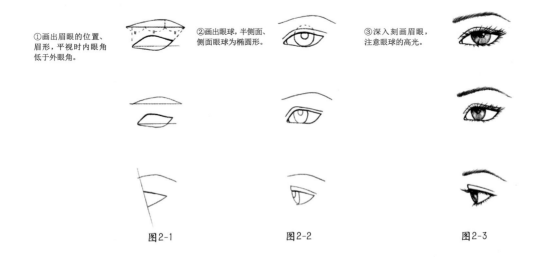

①画出眉眼的位置、眉形，平视时内眼角低于外眼角。

②画出眼球，半侧面、侧面眼球为椭圆形。

③深入刻画眉眼，注意眼球的高光。

图2-1　　　　　　图2-2　　　　　　图2-3

2. 鼻子的画法

鼻子在五官中处于中间的位置，但人的表情变化对鼻子的影响不大，所以在服装画中常常把鼻子作概括性处理，只画出鼻梁线和鼻底等（图2-4至图2-6）。

> **友情提示**
>
> 注意嘴在不同角度时的透视变化，女性对唇的色和形都比较讲究，在服装画中同样如此。厚唇显得个性；薄唇显得理智；小唇显得含蓄。

3. 嘴的表现

嘴和眼睛一样都有着丰富表情，在服装画中常采用微笑的表情，我们称其为服装画中嘴的基本形（图2-7至图2-9）。

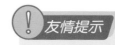

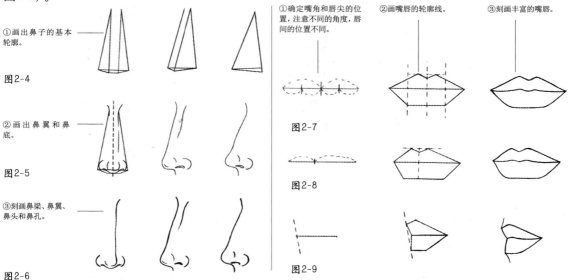

①画出鼻子的基本轮廓。

图2-4

②画出鼻翼和鼻底。

图2-5

③刻画鼻梁、鼻翼、鼻头和鼻孔。

图2-6

①确定嘴角和唇尖的位置，注意不同的角度，唇间的位置不同。
②画嘴唇的轮廓线。
③刻画丰富的嘴唇。

图2-7

图2-8

图2-9

4. 耳朵的画法

耳朵在头部处于比较次要的位置，有时会被发型遮挡，但是也应该了解耳朵在不同角度的基本画法（图2-10、图2-11）。

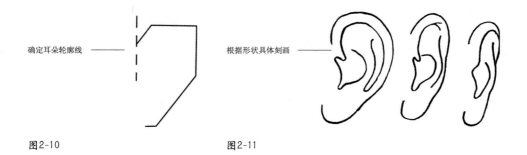

确定耳朵轮廓线

图2-10

根据形状具体刻画

图2-11

二、头部的画法

以正面平视为例，我们通常用三停五眼来定五官的位置（图2-12）。

②五眼为从左耳最外轮廓到右耳最外轮廓这段连线平均分成五份，每份为一只眼的宽度。

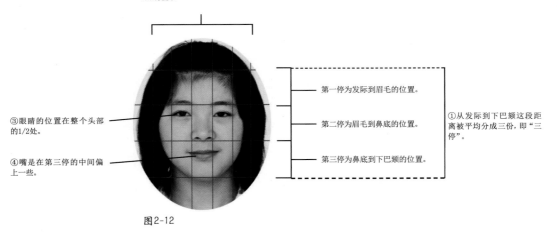

③眼睛的位置在整个头部的1/2处。

④嘴是在第三停的中间偏上一些。

第一停为发际到眉毛的位置。

第二停为眉毛到鼻底的位置。

第三停为鼻底到下巴颏的位置。

①从发际到下巴颏这段距离被平均分成三份，即"三停"。

图2-12

1. 头部的画法

画头部最重要的是对外形和五官的位置的确立（图2-13）。

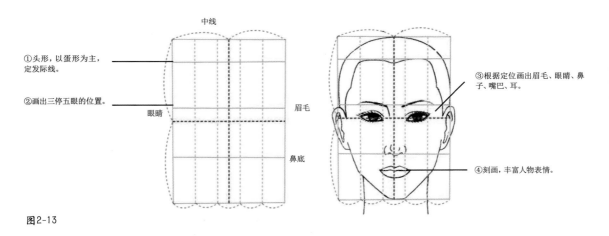

①头形，以蛋形为主，定发际线。

②画出三停五眼的位置。

中线

眼睛

眉毛

鼻底

③根据定位画出眉毛、眼睛、鼻子、嘴巴、耳。

④刻画，丰富人物表情。

图2-13

2. 头部各种角度的透视变化

头部除了正面角度以外，还有半侧面、正侧面角度。有人认为正面的头部最宽，正侧面的头部较窄，这是不对的。其实人正面的头部宽度最窄，半侧面的头部宽度较为宽些，正侧面头部宽度最宽（图2-14）。

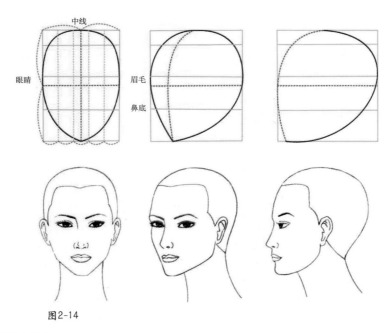

图2-14

三、发型的画法

　　发型对于服装画来说它不是重点，但却是难点，很多同学面对这数不清而又造型千变万化的头发无从下手。其实掌握了方法后并不难，首先画头发要做到心里有数，要有对所画发型的构思，再根据发型和头发的走势规律来进行描绘。用线时要注意变化，使头发层次分明，疏密有致（图2-15）。

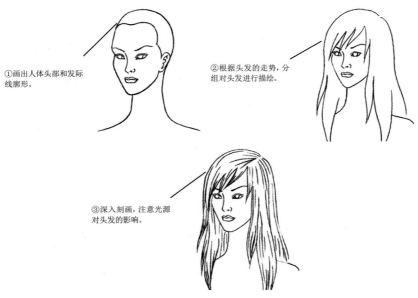

①画出人体头部和发际线廓形。

②根据头发的走势，分组对头发进行描绘。

③深入刻画，注意光源对头发的影响。

图2-15

　　头发的发型千变万化，且有一定的流行性，在服装画中各种风格的服装应配与之相适应的发型 (图2-16)。

图2-16

学习评价

学习要点	我的评分	小组评分	教师评分
我会绘制眼和嘴（30分）			
我能准确表达出人体头部的三停五眼（20分）			
我会绘制2~3种人体头部（50分）			
总　　分			

>>>>> 学习任务三
人体手和脚的画法

[学习目标]　通过学习学生了解人体手和脚的比例、特点及绘画的步骤，掌握几种时装画中常用手、脚的画法。

[学习重点]　人体手、脚的绘画步骤，几种常见动态手、脚的绘画。

[学习课时]　4课时。

　　我们常说"画人难画手和脚"，主要是因为手、脚的关节多又细，动态又复杂，透视很不好掌握。但是手脚对人体的动态、服装的表现都很有帮助，所以我们必须学习它们的表现方式，并努力把它们画好。

一、手的画法

　　手主要由手腕、手掌、手指组成，由腕关节、掌关节、指关节构成。一般情况下，一个人手的长度相当于其脸的长度，从掌心看，手掌与手指的比例为4：3；从手背看，手背与手指的比例为1：1（图3-1）。

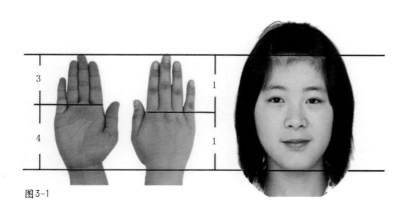

图3-1

我们了解了手的结构和比例就可试着来表现手了。由于手的关节较多，动态变化丰富，再加上透视变化，使得手在表现时难度大。为了更简单方便地画好手，我们可以采用先概括、后刻画的方法加以描绘（图3-2至图3-4）。

试一试

临摹教材中动态的手，并收集一些动态手的图样。

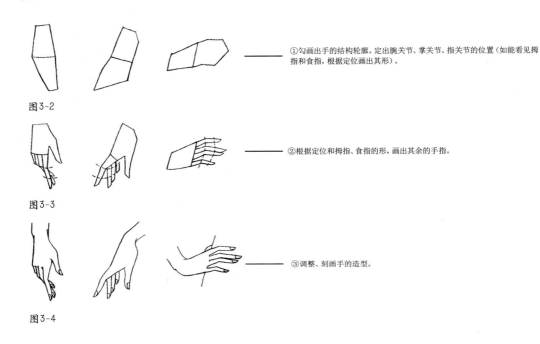

①勾画出手的结构轮廓。定出腕关节、掌关节、指关节的位置（如能看见拇指和食指，根据定位画出其形）。

图3-2

②根据定位和拇指、食指的形，画出其余的手指。

图3-3

③调整、刻画手的造型。

图3-4

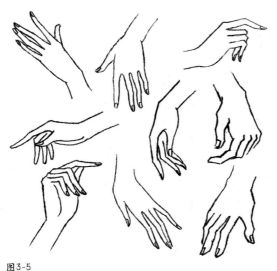

图3-5

友情提示

画手时，除了要把手画准确以外，还要注意服装、人体与手动态的优美、生动和协调。这样不但能增加所画人体的优美气质，也能给画面增加一些生气。女性的手要画得纤细、修长、圆润（图3-5）。

二、脚的画法

脚主要由脚趾、脚掌、脚跟组成。一般情况下，一个人脚的长度相当于其头的长度。在时装画中，单独画脚的时候不多，脚通常配合鞋的造型结构体现出来。画脚最难掌握的就是其透视变化，正面观察，脚在穿平跟鞋时最短，穿高跟鞋时最长。我们不用把脚详细地画出，但要了解脚和鞋的关系，在画时仍然采用先概括、后刻画的方法来画脚。画鞋和画脚的方法、步骤是一样的，同时都要注意脚跟、脚弓和脚掌的关系，以及不同面的表现方式（图3-6、图3-7）。

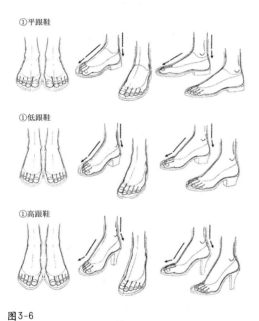

①平跟鞋

①低跟鞋

①高跟鞋

图3-6

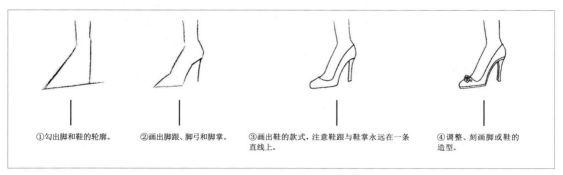

①勾出脚和鞋的轮廓。

②画出脚跟、脚弓和脚掌。

③画出鞋的款式，注意鞋跟与鞋掌永远在一条直线上。

④调整、刻画脚或鞋的造型。

图3-7

鞋除了实用以外，还起一定的装饰作用。鞋的款式、风格必须与服装的风格协调一致。除此之外，还要注意鞋的流行趋势（图3-8）。

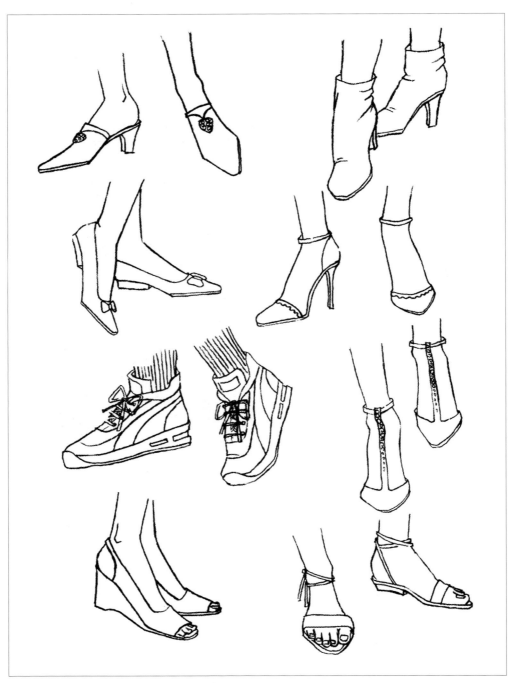

图3-8

学习要点	我的评分	小组评分	教师评分
我会简单绘制2~3种手的动态（50分）			
我会简单绘制2~3种脚的动态（50分）			
总　分			

>>>>>>> 学习任务四
人体的画法

> [学习目标] 学生通过学习，了解人体的基本比例和结构；掌握人体的重心；掌握人体动态
> 变化的基本规律；能熟练地画出比例协调的人体动态。
>
> [学习重点] 学生掌握人体的比例、重心，动态变化的基本规律。
>
> [学习课时] 14课时。

一、人体比例

用概括的方法来观察人体，我们不难发现人体的头部可用球体来表示，胸腔、腹腔各是一个立方体，颈部和四肢可用圆柱体来表示，关节如球体。从这些几何体中，可以较清楚地了解人体的形态特征。通常把人体分为简单的4个部分：头、上肢、下肢、躯干。为了便于理解和绘画，通常把头、胸腔、盆腔简化为3个几何形的体积，肩线和臀线是两条横线，脊椎简化为一条竖线，这些其实就是我们画人体时常说到的一竖（脊柱线）、二横（肩线和臀线）、三体积（头、胸腔、腹腔）、四肢（上肢、下肢），这4个部分构成人体的基本形态，由肩线、臀线和脊椎线形成的"工"字形对人体动态起定性作用（图4-1）。

图4-1

我们以头长为一个基本单位，正常人体为7~7.5个头长，在服装画中常用8~9个头长，要画个性一些也可画9个头长以上，但要注意人体整体比例的协调。

1.女性人体的比例——**正面直立**

女性人体的特征是正面呈沙漏形，胸部和臀部丰满，腰部纤细（图4-2）。

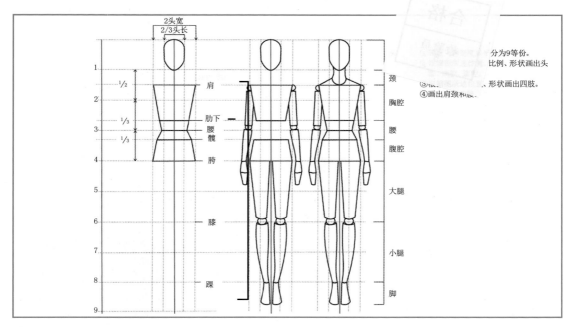

图 4-2

2.从框架人体到肌肉人体

在掌握了人体基本比例后,要给人体框架填充肌肉,理想的女性人体应该身材颀长,胸部和臀部丰满,腰部纤细,曲线突出,线条柔美(图4-3)。

①人体各个关节:肩、肘、腕、膝、踝各个关节是要重点关注的位置,既要在关节处覆盖肌肉,又要保持关节连接的感觉。

②人体的重点部位:胸、腰、髋、胯几个部位要符合女性的特征,髋部和胯部要保留骨骼突出的感觉,胸部应丰满圆润,四肢是肌肉较集中的部位。

③服装结构参考线:中线、三围线(B.L/W.L/H.L)、胸下围和公主线是服装的重要参考依据,要找到准确的位置。

试一试

临摹女性人体,并把比例和结构参考线熟记下来。

试一试

①临摹正面单腿重心人体2个,并熟记其动态。

②临摹半侧面转体人体2个,并熟记其动态。

③临摹行走人体动态1个,并熟记其动态。

友情提示

男性的骨骼粗大,关节比较明显,要比女性的大些。

男性肩部和胸部比较宽厚,髋部和胯部较窄,四肢肌肉发达。

男性的腰节比女性的略低。

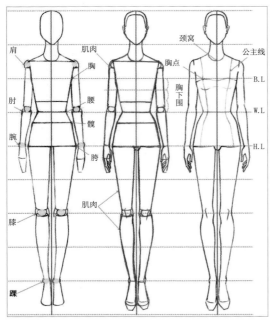

图4-3

分析图4-4中的人体动态，并选择临摹其中的1~2个。

二、人体动态

　　要表现人体动态，首先必须了解人体的重心平衡规律。重心是指人体重量的支撑点，常以肚脐为重心点；重心线是从重心往地面所引的一条垂线，即从肚脐引向地面的垂线。但在画直立人体时，我们常从颈窝引一条垂直地面的线作为重心线。支撑面是指支撑人体重量的一个平面，静止时通常处于两脚之间，只有当重心线落在支撑面以内，人体才会处于平衡状态。人体的站立姿势有两种：一种是双腿分别承担身体的重量；另一种是一条腿支撑身体的重量，另一条腿自由放松。在服装画中常见的是单腿重心姿势，表现服装多用平视直立人体形态，即人体腰线与我们的视平线在同一水平面上（图4-4）。

图4-4

1. 人体站立动态——正面单腿重心人体动态

（1）基本动态

　　人体的基本动态是在正面直立姿势的基础上进行变化，即肩水平，胯倾斜，重心移动，以一条腿支撑身体的重量。掌握了基本动态，就可以了解人体动态的基本规律，再进行其他动态的变化（图4-5）。

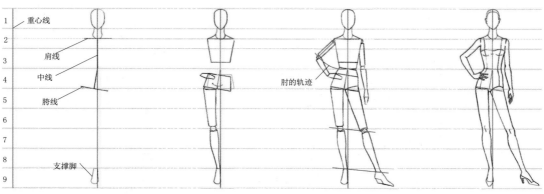

图4-5

（2）基本动态的变化

基本动态的变化是在前一个动态的基础上进行变化（图4-6）。

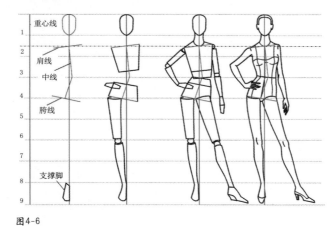

图4-6

（3）转体动态

人体的动态千变万化，但在服装画的表现中并没有太大的伸展和弯曲，也没有太多的动态变化。正面人体不易表现出立体感，在服装画中常用半侧面转体来表现服装。半侧面人体是指能观察到人体躯干两个面的人体。因为能看到躯干两个面，所以它的立体感比较容易让人感觉到，也能更好地表现服装。在表现半侧面转体时，人体有扭转动作，要注意人体躯干部水平线的转动和躯干部两个面的透视变化（图4-7、图4-8）。

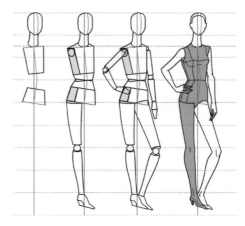

图4-7

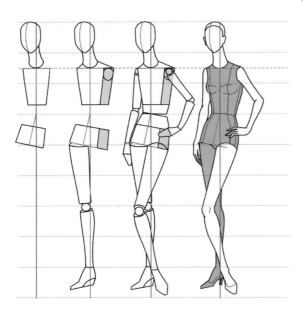

图4-8

时尚刊物

① *ELLE* www.elle.com

1945年创刊于法国。比*VOGUE*更具青春气息，贴近时下年轻女性的时尚需求，加上女性崇尚美、崇尚年轻的心理，《ELLE》全球开花的经济发展策略，正日见其效果。

② *L'UOMOVOGUE* www.luomovogue.com

诞生于意大利的*VOGUE*体系，这本坚持自我见解、坚持高端男装制作方式的杂志已成为如今最有名望和影响力的男装杂志。

③《时装》www.lofficiel.cn

1985年创刊于中国，是我国第一本专业的服装杂志。经过30年的风风雨雨，《时装》已成为我国流行、时尚的风向标，成为专业人士的必看书物。

2. 行走的人体动态

表现行走的人体动态，用我们前面讲的单腿重心姿势的方法就可以了。不管是正面行进间人体，还是半侧面行进间人体，它们躯干部的画法与相应的人体相同，值得注意的地方在于腿部的动作，所有行进间人体的左右膝关节连线与腰线平行，左右踝关节的连线方向与腰线相反，承重腿要踩在重心落点上，非承重腿要画短些，把透视表现出来（图4-9）。

3. 人体简体

人体是一个复杂的物体，特别是对初学者来说更是如此。事实证明，我们把人体的认识面简单化，即抽象化，更有利于认识、理解人体，也便于绘画，就像小时候画儿童画一样，画一头、一躯干和四肢就可以较清楚地表达人体的比例、结构和动态了（图4-10）。

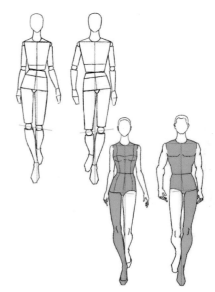

图4-9

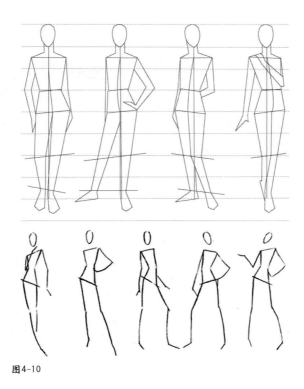

图4-10

三、服装人体的表现

在前面我们已经了解了人体的结构和各个部位的画法，现在可以将所学习的内容融会贯通，绘制完整的时装画人体动态（图4-11）。

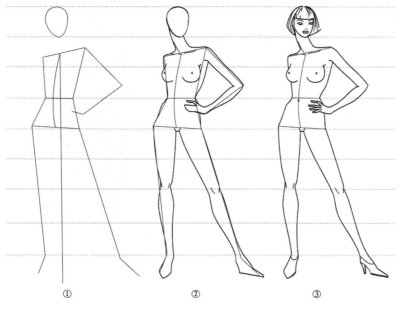

①	②	③

①用直线画一个人体简体。
②用流畅、平滑的曲线画出人体肌肉的起伏和关节点。
③画出人体的五官、发型、手、脚或者鞋子。

图4-11

　　服装画中的人体要求动态自然、优美，一般不宜用屈伸幅度太大的动态。画女性人体时，应表现出女性的柔美、优雅（图4-12、图4-13）。

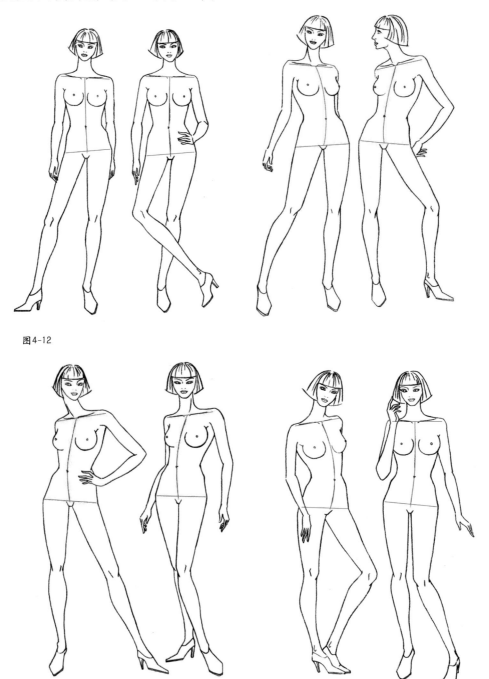

图4-12

图4-13

学习要点	我的评分	小组评分	教师评分
我能准确表达女人体各部位的比例、位置（20分）			
我能记住单腿重心人体的动态特征（10分）			
我会绘制2~3种服装画女人体（50分）			
我会绘制人体简体（20）			
总　分			

实践篇

SHIJIANPIAN >>>

[综　　述]

该篇主要介绍服装平面款式图绘制、服装画线稿（服装效果图）及服装画的色彩表现技法。服装款式图部分列举了裙、裤、上衣、西服、连衣裙的画法，步骤清晰，简单易学。效果图部分先从服装局部再过渡到整体的方法，由浅入深地介绍了服装效果图的绘制。该篇内容由简到难，逐步深入，学生容易掌握且能达到举一反三的效果。通过本篇的学习能很好掌握服装款式图和服装效果图的绘制方法。

[培养目标]

①能熟记和绘制服装各模板。

②能绘制常用服装平面款式图。

③能绘制常见几种质感服装的效果图。

[学习手段]

①通过范画展示、教师引导，学生进行临摹练习。

②通过步骤展示、案例讲解，教师引导，学生进行拓展练习。

③实践操作、小组评价，分项目完成学习任务。

>>>>>>>> 学习任务五
服装平面款式图

[学习目标] 了解服装工艺的表现方法,掌握表达服装结构和制作方法的绘画形式。学习裙装、裤装、上衣和连衣裙款式图的模板绘制,学会服装款式图的绘制。

[学习重点] 掌握各类常用服装款式图的绘制方法。

[学习课时] 20课时。

一、各种服装工艺的表现

缝合线的表现

缝合是将服装裁片拼接起来,是服装缝制中最基本的工艺形式。不同的缝合方式会对结构和外观产生不同的效果,学习服装款式图的绘制,首先要学会各种缝合形式的表现和绘制方法。

(1) 平缝的表现

平缝是服装缝合的主要表现方式 (图5-1至图5-6)。

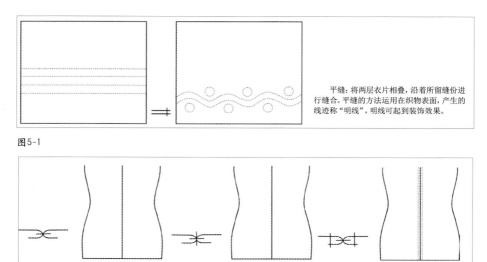

平缝:将两层衣片相叠,沿着所留缝份进行缝合。平缝的方法运用在织物表面,产生的线迹称"明线",明线可起到装饰效果。

图5-1

分缝、分绀缝:在平缝的基础上把缝头向两边分开,在织物正面没有线迹,只看到一条细细的折线,当缝合线要加固时可在缝中和缝合线附近绀缝上明线。

图5-2

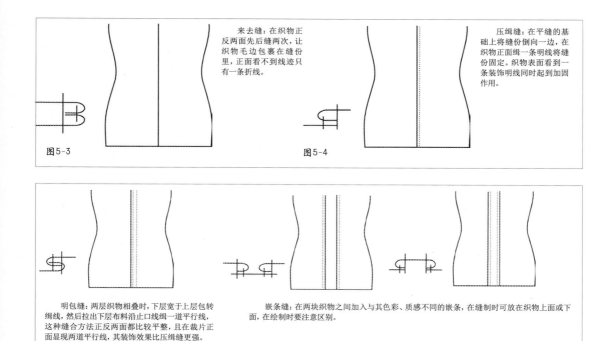

来去缝：在织物正反两面先后缝两次，让织物毛边包裹在缝份里，正面看不到线迹只有一条折线。

图5-3

压缉缝：在平缝的基础上将缝份倒向一边，在织物正面缉一条明线将缝份固定。织物表面看到一条装饰明线同时起到加固作用。

图5-4

明包缝：两层织物相叠时，下层宽于上层包转缉线，然后拉下层布料沿止口线缉一道平行线，这种缝合方法正反两面都比较平整，且在裁片正面显现两道平行线，其装饰效果比压缉缝更强。

图5-5

嵌条缝：在两块织物之间加入与其色彩、质感不同的嵌条，在缝制时可放在织物上面或下面，在绘制时要注意区别。

图5-6

（2）拉链的表现

拉链在服装中主要起到穿脱方便和装饰的作用。绘制时要注意表现出拉链头的形状，同时注意用封结表现出拉链的长度。服装中的拉链通常有闭尾形、开尾形和隐形，安装时齿纹可显可隐，刻画时注意区别（图5-7）。

（3）褶的表现（图5-8至图5-9）

（4）边缘的表现（图5-10至图5-15）

（5）绳结与扣件的表现

绳结与扣件是服装画的细节表现（图5-16、图5-17）。

 试一试

①根据以上介绍的方法进行对照练习。

②收集15款不同的半截裙，用线描款式图将其绘制出来。

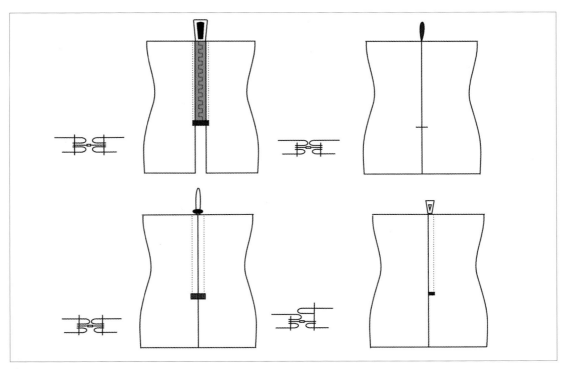

图5-7

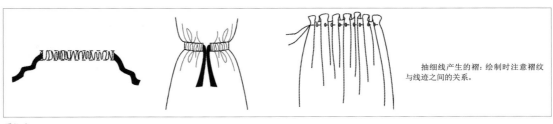

抽细线产生的褶：绘制时注意褶纹与线迹之间的关系。

图5-8

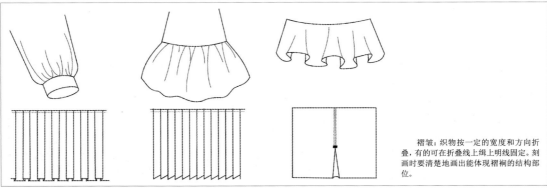

褶裥：织物按一定的宽度和方向折叠，有的可在折叠线上缉上明线固定。刻画时要清楚地画出能体现褶裥的结构部位。

图5-9

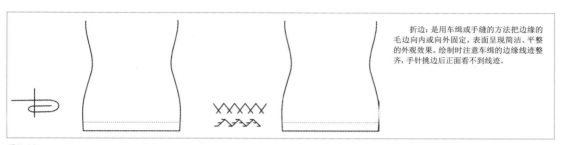

折边：是用车缉或手缝的方法把边缘的毛边向内或向外固定，表面呈现简洁、平整的外观效果。绘制时注意车缉的边缘线迹整齐，手针挑边后正面看不到线迹。

图5-10

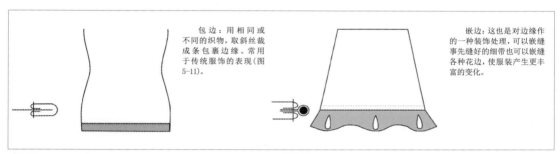

包边：用相同或不同的织物，取斜丝裁成条包裹边缘。常用于传统服饰的表现（图5-11）。

嵌边：这也是对边缘作的一种装饰处理，可以嵌缝事先缝好的细带也可以嵌缝各种花边，使服装产生更丰富的变化。

图5-11   图5-12

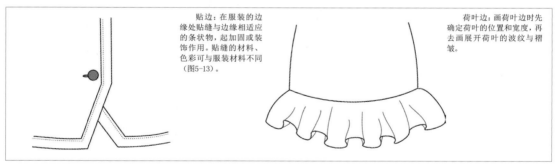

贴边：在服装的边缘处贴缝与边缘相适应的条状物，起加固或装饰作用。贴缝的材料、色彩可与服装材料不同（图5-13）。

荷叶边：画荷叶边时先确定荷叶的位置和宽度，再去画展开荷叶的波纹与褶皱。

图5-13   图5-14

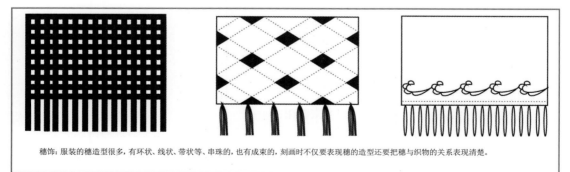

穗饰：服装的穗造型很多，有环状、线状、带状等、串珠的，也有成束的，刻画时不仅要表现穗的造型还要把穗与织物的关系表现清楚。

图5-15

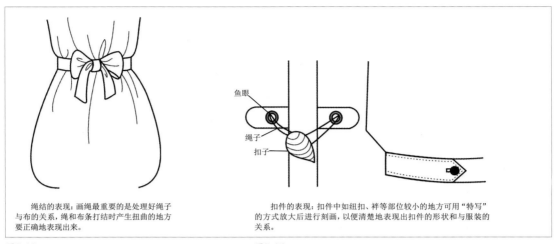

绳结的表现：画绳最重要的是处理好绳子与布的关系，绳和布条打结时产生扭曲的地方要正确地表现出来。

扣件的表现：扣件中如纽扣、裄等部位较小的地方可用"特写"的方式放大后进行刻画，以便清楚地表现出扣件的形状和与服装的关系。

图5-16

图5-17

二、半身裙的画法

1. 半身裙模板的比例

以长度在人体膝盖稍上的直裙为例作模板，先画一矩形，宽度（臀宽）和长度（裙长）比为1∶1.7，裙腰两边缩进量各0.1臀宽，矩形正中直线为裙模板中线，也是裙中线。从裙腰线到臀高线为0.5倍臀宽，臀高线到底边线为1.2倍臀宽。根据以上比例我们可以按需要绘制出大小不同的模板备用（图5-18）。

2. 半身裙模板的绘制

我们绘制一个宽度为5 cm的裙模板，现根据以上绘制模板的比例将比值套入数值依次进行绘制，画出矩形宽度（臀宽）5 cm，高度（裙长）是宽度的1.7倍，那么矩形高就是1.7×5 cm＝8.5 cm；然后画出矩形的中轴线，再画出臀高线（0.5倍臀宽），从裙腰线向下0.5×5 cm＝2.5 cm；最后画出裙腰偏进量（0.1倍裙宽）0.1×5 cm＝0.5 cm，并把裙腰侧缝线画成弧线。

完成模板后用硬卡纸将模板制作出来备用，在后面的半身裙款式图绘制中都可以在模板基础上进行变化（图5-19）。

①默画出书上列举的缝制方式。

②收集几款服装，把服装上所用到的缝制工艺用款式图表示出来

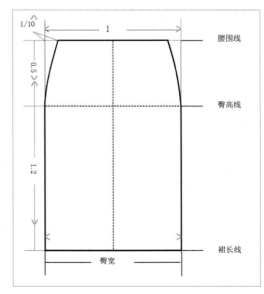

图5-18

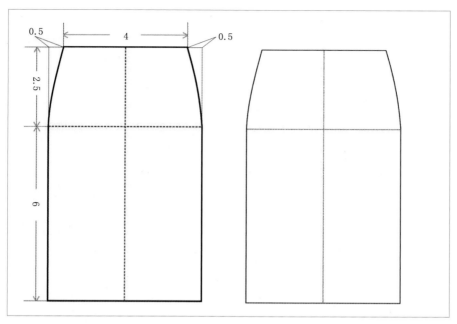

图5-19

3. 基础裙形的绘制方法

（1）直裙

直裙又叫一步裙，裙身平直，裙上部符合腰部形状紧窄贴身，臀部微宽，外形线条优美流畅。款式特征是装腰型直腰，前后腰口省各4个，后中设分割线，上端装拉链，下端开衩（图5-20）。

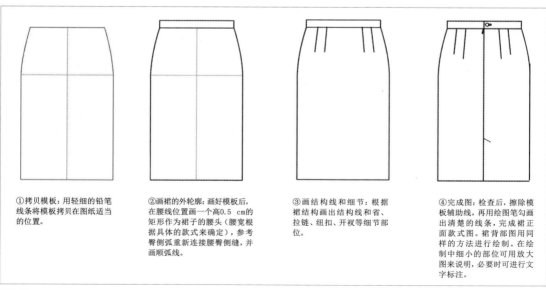

①拷贝模板：用轻细的铅笔线条将模板拷贝在图纸适当的位置。

②画裙的外轮廓：画好模板后，在腰线位置画一个高0.5 cm的矩形作为裙子的腰头（腰宽根据具体的款式来确定），参考臀侧弧重新连接腰臀侧缝，并画顺弧线。

③画结构线和细节：根据裙结构画出结构线和省、拉链、纽扣、开衩等细节部位。

④完成图：检查后，擦除模板辅助线，再用绘图笔勾画出清楚的线条，完成裙正面款式图。裙背部图用同样的方法进行绘制。在绘制中细小的部位可用放大图来说明，必要时可进行文字标注。

图5-20

（2）A字裙

A字裙因其形似"A"字而得名。此裙的重要特征是侧缝隙有偏斜度，其偏斜度大于直裙，小于斜裙（图5-21）。

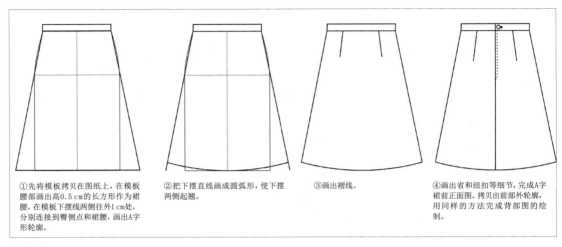

①先将模板拷贝在图纸上，在模板腰部画出高0.5 cm的长方形作为裙腰，在模板下摆线两侧往外1 cm处，分别连接到臀侧点和裙腰，画出A字形轮廓。

②把下摆直线画成圆弧形，使下摆两侧起翘。

③画出褶线。

④画出省和纽扣等细节，完成A字裙前正面图。拷贝出前部外轮廓，用同样的方法完成背部图的绘制。

图5-21

（3）斜裙

斜裙腰口小，裙摆宽大呈喇叭形状，故又称为喇叭裙。斜裙腰部不收省也不打褶，裙摆带有动感的波浪（图5-22）。

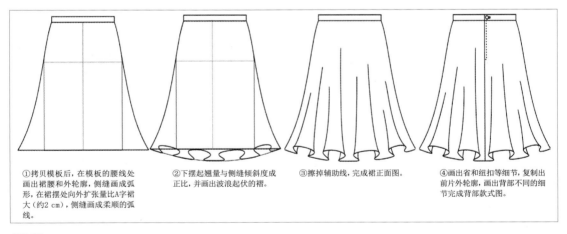

①拷贝模板后，在模板的腰线处画出裙腰和外轮廓，侧缝画成弧形，在裙摆处向外扩张量比A字裙大（约2 cm），侧缝画成柔顺的弧线。

②下摆起翘量与侧缝倾斜度成正比，并画出波浪起伏的褶。

③擦掉辅助线，完成裙正面图。

④画出省和纽扣等细节，复制出前片外轮廓，画出背部不同的细节完成背部款式图。

图5-22

4. 半身裙的廓形与长短变化

半身裙的款式变化主要是廓形。廓形以简洁、直观、明确的形象，反映出服装造型的体态特征。常用字母形状来概括的几种裙型（图5-23）。

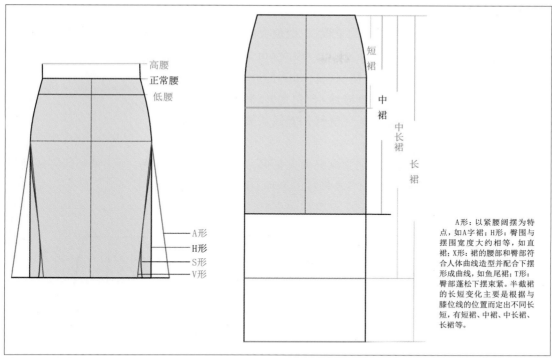

图5-23

A形：以紧腰阔摆为特点，如A字裙；H形：臀围与摆围宽度大约相等，如直裙；X形：裙的腰部和臀部符合人体曲线造型并配合下摆形成曲线，如鱼尾裙；T形：臀部蓬松下摆束紧。半截裙的长短变化主要是根据与膝位线的位置而定出不同长短，有短裙、中裙、中长裙、长裙等。

三、裤装的画法

1. 裤装模板的比例

以长直筒裤为例作模板，先画矩形。矩形的宽度（臀宽）与长度（裤长）之比是1∶3.2，臀高位是0.5臀宽，臀高线到中档（膝位线）距离是1.2臀宽，膝位线到裤底边线距离是1.5臀宽。裤腰侧偏进量是0.1臀高。臀高线到裆部分开处是0.1臀宽，下裆缝线在脚口的位置是：偏离矩形中线0.1臀宽，脚口宽0.5臀宽（图5-24）。

2. 裤装模板的绘制

按以上裤模板比例，我们套入数值依次绘制，先画一个宽度为5 cm的矩形，矩形高度（裤长）3.2臀宽就是3.2 cm×5 cm＝16 cm，画出矩形的中线；画出臀高线0.5臀宽，从腰线向0.5 cm×5 cm＝2.5 cm画一条水平腰线的直线；中档线从臀高线水平向下1.2 cm×5 cm＝6.0 cm

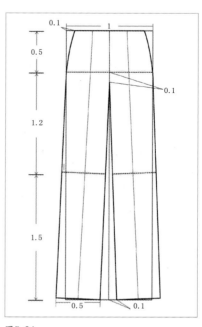

图5-24

的位置；画出侧腰偏进量0.1臀宽，在矩形两端（腰线）向内偏进0.1 cm×5 cm＝0.5 cm的位置；下裆位置是臀高线与矩形中线交点向下0.1 cm×5 cm＝0.5 cm处；在裤长线上从矩形中线向两边移出0.1 cm×5 cm＝0.5 cm处连接到上裆点画出裆侧缝线；脚口宽0.5臀宽0.5 cm×5 cm＝2.5 cm；画出模板侧缝线用直线从腰偏进点连接到臀宽点再到脚口宽。

试一试

①根据以上介绍的方法进行对照练习。

②收集10款不同的裤，用模板方式绘制出款式图来。

完成模板的框架和轮廓后把腰侧缝画成弧形，把脚口修正成直角，画出裤中线完成模板的制作，用硬纸制作好备用。标出各参考线的名称（图5-25）。

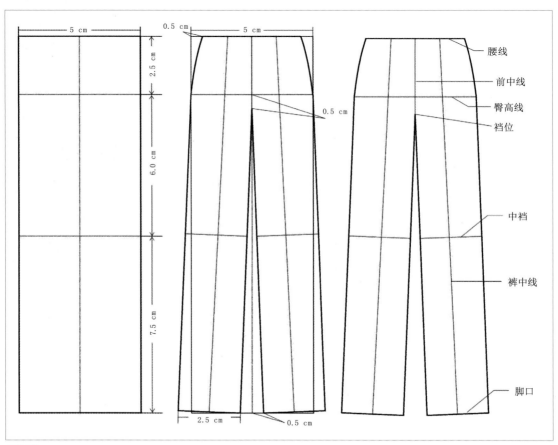

图5-25

3. 基本裤型的画法

（1）直筒裤

直筒裤是裤装的基本款式，中裆和脚口约相等(图5-26)。

（2）喇叭裤

喇叭裤的外形特征是在中裆处收紧，脚口打开，形成喇叭形（图5-27）。

①拷贝模板：用轻细的铅笔线条将模板拷贝在图纸恰当的位置。

②画裤子外轮廓：画好模板后，在腰线位置画一个约高0.5 cm的矩形(腰的宽窄根据不同的款式而变化)，参考臀侧弧线，重新连接腰臀侧缝，画顺弧线。裤片的形状与模板相同，这样就完成廓形的绘制。

③结构线和细节刻画：完成裤子内部结构线，如裤门襟位(注意拉链止点画到臀围附近)、袋位、裤袢、纽扣等。如果是西裤还要画出挺缝线，裤脚口画成宝剑头。

④完成：检查后用绘图笔勾线，擦除模板辅助线，完成直筒裤正面款式图的绘制。拷贝正面外轮廓，画出内部细节，完成背部款式图的绘制。

图5-26

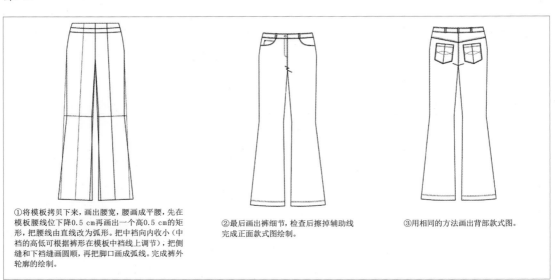

①将模板拷贝下来，画出腰宽，腰画成平腰，先在模板腰线位下降0.5 cm再画出一个高0.5 cm的矩形，把腰线由直线改为弧形。把中裆向内收小(中裆的高低可根据裤形在模板中裆线上调节)，把侧缝和下裆缝画圆顺，再把脚口画成弧线。完成裤外轮廓的绘制。

②最后画出裤细节，检查后擦掉辅助线完成正面款式图绘制。

③用相同的方法画出背部款式图。

图5-27

四、上衣的画法

1. 上衣模板的比例

以衣长到臀围的合体上衣为例作模板，先画矩形。模板矩形的宽度（肩宽）与高度（肩端点到底边线）比是1:1.5，胸围线的位置在0.5肩宽处，腰围线在1肩宽处。从水平肩线向上到颈的高度为0.3肩宽，颈根围宽是0.3肩宽，上颈宽是0.25肩宽，从颈肩点到水平肩线的垂直距离是0.15肩宽（图5-28）。

2.上衣模板的绘制（图5-29）

（1）先画一个宽为5 cm的矩形,根据上衣模板的比例画出1.5肩宽的高度1.5 cm×5 cm=7.5 cm,画出矩形的中线。将矩形水平三等分,第一等分线处是胸围线,第二等分处是腰围线,每等分的距离是0.5肩宽也就是0.5 cm×5 cm=2.5 cm。腰侧缝线在腰围线上向中线方向收进0.5 cm。

（2）水平肩线和中线的交点是颈窝点,中线从颈窝点向上0.3 cm×5 cm=1.5 cm是颈的高位,画出上颈的宽度0.25肩宽也就是0.25 cm×5 cm=1.25 cm,颈根围在矩形中线从颈肩点向上0.15 cm×5 cm=0.75 cm的位置,再画出颈根围宽0.3 cm×5 cm=1.5 cm,在中线两边平分。再从这一点与肩宽点相连,画出肩斜线。颈侧点与颈窝点连接成圆顺的弧线,就是颈根围线,可以作为领子的参考。

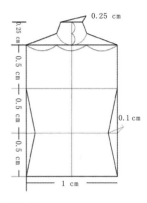

图5-28

（3）模板完成图:画好上衣的模板后,再用硬纸片制作好,标明中线、三围线和颈根围线的参考线。

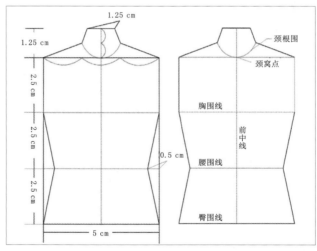

图5-29

3. 上衣基本款型绘制

（1）衬衫

衬衫一般用薄型棉、麻、丝绸等面料制作,内、外皆可穿（图5-30）。

（2）西服的绘制（图5-31）

（3）两用衫的绘制

两用衫是女性春秋季穿着的服装,其样式变化、部位变化不受局限。本款两用衫是略带宽松、直身式的上装（图5-32）。

知识链接

连衣裙

连衣裙是上下连属的款式,在绘制款式图时,只需要把上衣模板和裙模板结合起来进行绘制就行了,也可以根据前面所介绍的上衣和裙的模板比例结合起来自己绘制一个裙模板。

①画领:先将模板拷贝下来,用直线在模板颈部画一条后领翻折线,再从后领翻折线开始画翻领,领子翻在肩线上颈根围线的附近,领角形状可以根据潮流画出。画完后再用线条把领连圆顺。

②衣身:顺着模板的肩斜画出肩线,从肩端点到模板胸围线画一条浅弧线,作为袖窿线。本款较为合体,衣身顺着模板画,腰侧不能有明显的折线,要顺,衣长可以定在臀围线附近,下摆要略起翘,保持下摆水平,不吊角,门襟宽0.2 cm左右,门襟不能在正中,中线是纽扣的位置。

③袖:长袖衬衫的袖长要画到模板臀围线下约1 cm处,袖口用袖克夫收小。

④画细节:纽扣、袖口细褶等。

⑤检查完成后,用绘图笔勾画,最后擦去外轮廓,衬衣正面款式图就完成。复制出前部轮廓线,画出背部结构,完成背部款式图的绘制。

图5-30

①领:先将模板拷贝在纸上,在模板颈部画出领翻折线,把肩线向颈延伸并与领翻折线相交,再定出领长,画出一个三角形,定出左右对称的领边线、领驳交线的位置,西服属于外套,领可以略画大些。门襟宽0.3 cm左右,底襟被门襟覆盖。然后出驳领和翻领,翻领要翻在肩线上颈根围线的附近,领角形状可以根据款式变化。

②身:顺着模板的肩画出肩线,从肩端点到模板胸围线附近画一条弧线作为袖窿线。本款是收腰合体的款式,衣身顺着模板画,腰围线处要画顺,不能有明显的折线。衣长可以定在臀围线附近,下摆略起翘,保持水平,不吊角。

③衣袖的画法:西服袖比衬衫袖略短,长袖画到模板臀围线下0.5 cm处,袖口画直。

④结构线和细节:在腰部画出省道和分割线(在画后背时大小袖的缝线不要忽略),再画出口袋、袖衩和纽扣等。

⑤检查后,擦去辅助线,用绘图笔加深线迹完成正面图的绘制,拷贝出前片外轮廓,画出内部不同的细节,完成背部图的绘制。

图5-31

①将模板用铅笔拷贝在图纸恰当的位置。在颈根围线附近画出领,领比前领浅些,肩线顺着模板的肩线画到肩端点,从肩端点到胸围线之间画弧形的袖窿线。衣身是直身宽松款式直接画一个矩形的衣身,衣长在臀围附近。

②先画出门襟宽,再画出衣袋、纽扣等细节。

③检查后,用绘图笔加深线迹,擦掉辅助线,正面图完成。再复制出正面外轮廓,画出背部细节。

图5-32

五、运用计算机软件CorelDRAW绘制款式图（选修）

1. 绘制服装款式图的常用工具CorelDRAW

（1）页面设置

方法一：启动CorelDRAW，在菜单中选择"新建图形"把页面设置为A4，单位为cm，这样就完成了页面的设置。

方法二：在菜单栏的【文件】菜单中点"新建"，然后在属性栏中把纸张改为A4，单位改为cm，这样就完成了页面设置。

试一试

①根据以上列举的工具进行对照练习。

②根据前面所给出的模板比例和绘制方法用CorelDRAW工具进行绘制。

（2）辅助线设置

根据前面所讲的模板的比例，在这里直接套入具体数值进行模板绘制，设置垂直位置为5 cm、7.5 cm、10 cm，水平位置为25 cm、22 cm、16 cm，在【查看】菜单栏中选择【对齐辅助线】命令。

（3）【手绘工具】

可以绘制出直线、曲线和任意形状的线。在服装款式图中多用于绘制褶皱（图5-33）。

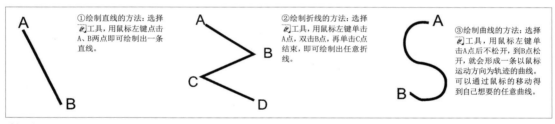

①绘制直线的方法：选择工具，用鼠标左键点击A、B两点即可绘制出一条直线。

②绘制折线的方法：选择工具，用鼠标左键单击A点，双击B点，再单击C点结束，即可绘制出任意折线。

③绘制曲线的方法：选择工具，用鼠标左键单击A点后不松开，到B点松开，就会形成一条以鼠标运动方向为轨迹的曲线。可以通过鼠标的移动得到自己想要的任意曲线。

图5-32

（4）【钢笔工具】

钢笔工具可绘制直线、曲线和任意形状的线。钢笔工具在绘制直线时可以显示线迹，绘制曲线时可以任意产生一个或多个节点和控制杆，绘制出的曲线要比手绘工具绘制的曲线圆滑，灵活度高。绘制服装款式图采用较多（图5-34）。

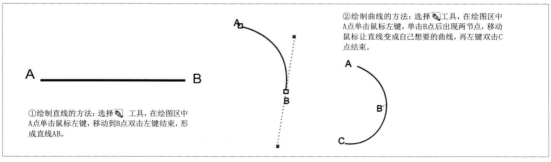

②绘制曲线的方法：选择工具，在绘图区中A点单击鼠标左键，单击B点后出现两节点，移动鼠标让直线变成自己想要的曲线，再左键双击C点结束。

①绘制直线的方法：选择工具，在绘图区中A点单击鼠标左键，移动到B点双击左键结束，形成直线AB。

图5-34

（5）【矩形工具】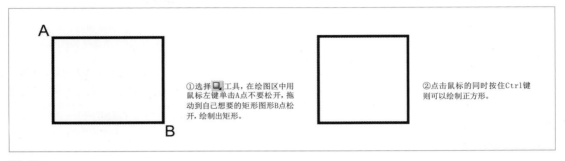

矩形工具可以绘制矩形图（图5-35）。

①选择 工具，在绘图区中用鼠标左键单击A点不要松开，拖动到自己想要的矩形图形B点松开，绘制出矩形。

②点击鼠标的同时按住Ctrl键则可以绘制正方形。

图5-35

（6）【椭圆工具】

椭圆工具可以绘制椭圆形和圆形（图5-36）。

①选择 工具，在绘图区中合适位置单击并拖动鼠标即可拖出一个椭圆形，然后松开，绘制完成。

②绘制的同时按住Ctrl键则可以绘制圆形。

图5-36

（7）【挑选工具】

挑选工具也叫选择工具，通过选择，可以对物象做移动、延伸、缩放、旋转和倾斜处理，也可以选择对物象进行常规的编辑，如剪切、复制、删除和锁定等（图5-37）。

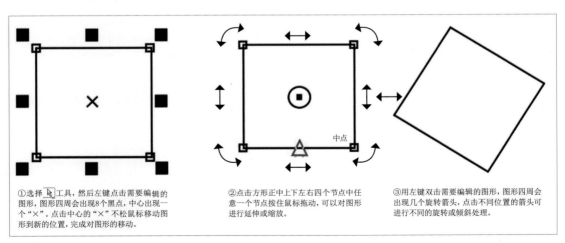

①选择 工具，然后左键点击需要编辑的图形，图形四周会出现8个黑点，中心出现一个"×"。点击中心的"×"不松鼠标移动图形到新的位置，完成对图形的移动。

②点击方形正中上下左右四个节点中任意一个节点按住鼠标拖动，可以对图形进行延伸或缩放。

③用左键双击需要编辑的图形，图形四周会出现几个旋转箭头，点击不同位置的箭头可进行不同的旋转或倾斜处理。

图5-37

（8）【形状工具】 ⚓

形状工具可以对绘制好的图形进行修整、分割等操作（图5-38）。

（9）【缩放工具】 🔍

缩放工具可以把对象图形放大和缩小。

具体操作方法：选择 🔍 工具后，鼠标移动到需要放大或缩小的图形，按鼠标左键放大，按鼠标右键缩小。

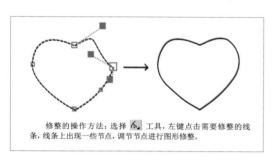

修整的操作方法：选择 ⚓ 工具，左键点击需要修整的线条，线条上出现一些节点，调节节点进行图形修整。

图5-38

2.使用CorelDRAW绘制半身裙款式图

打开CorelDRAW之后，设置页面和辅助线后即可绘制（图5-39）。

绘制半身裙模板

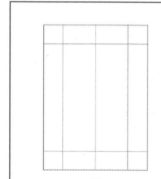

①用【矩形工具】 ▭ 绘制一个宽5 cm，高8.5 cm的矩形，按下转换为曲线的按钮，然后把矩形对齐辅助线。

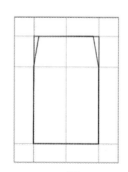

②选择【挑选工具】 ⚓ 在臀侧位置添加两个节点，将左右腰侧的节点向中线移动0.5 cm。

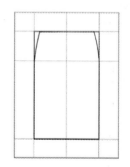

③选择【挑选工具】 ⚓，将臀围的直线转换为曲线，调节节点杠杆把曲线调顺，添加上中线和臀线，半身裙的模板就完成了。

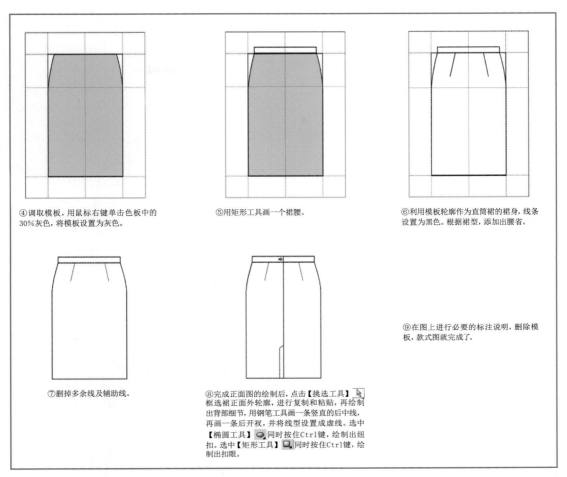

④调取模板，用鼠标右键单击色板中的
30%灰色，将模板设置为灰色。

⑤用矩形工具画一个裙腰。

⑥利用模板轮廓作为直筒裙的裙身，线条
设置为黑色。根据裙型，添加出腰省。

⑨在图上进行必要的标注说明，删除模
板，款式图就完成了。

⑦删掉多余线及辅助线。

⑧完成正面图的绘制后，点击【挑选工具】
框选裙正面外轮廓，进行复制和粘贴，再绘制
出背部细节，用钢笔工具画一条竖直的后中线，
再画一条后开衩，并将线型设置成虚线。选中
【椭圆工具】   同时按住Ctrl键，绘制出纽
扣。选中【矩形工具】   同时按住Ctrl键，绘
制出扣眼。

图5-39

作品欣赏

学习要点	我的评分	小组评分	教师评分
我会表现出各种服装工艺（20分）			
我能绘制出上装和下装的款式图模板（40分）			
我能绘制出各种常用服装的款式图（40分）			
总　分			

学习任务六
服装画线稿表现技法

> [学习目标] 了解服装线稿的概念。掌握服装效果图最基本的表现技法（线稿画法）。
>
> [学习重点] 服装的局部和整体绘制，以及服装画线稿的画法。
>
> [学习课时] 8课时。

一、服装局部的画法

绘制线稿的主要工具有铅笔、蘸水钢笔、毛笔、针管笔等（图6-1）。根据选择的画笔和运笔的力度不同，线条会表现出截然不同的面料质感和设计师的个人风格。

对服装效果图的初学者来说，服装局部的表现技法尤为重要。练习服装局部的画法，可以更具体地体会到服装的细节部分，如衣领、衣袖、衣袋、腰饰等的设计方法，认识它们和衣身之间的结构关系，并为绘制完整的效果图奠定基础。

图6-1

1. 领部的画法

衣服的领形多种多样，一般来说，分为无领式（图6-2）和有领式两大类。有领式的衣领又包括翻领（图6-3）、立领（图6-4）、驳领（图6-5）以及多种领形变化。要注意的是，无论衣领设计如何变化，它一定要符合人体颈部、肩部的特征和运动规律，这要求我们在绘制效果图的时候要掌握好衣领与颈部、肩部的结构关系。

2. 衣袖的画法

衣袖主要分为无袖设计（图6-6）和有袖设计两大类。

有袖设计的袖型主要分为装袖和连袖，其中装袖又分为平装袖、圆装袖、插肩袖。绘制衣袖时，要注意衣袖与衣身之间的连接关系，掌握肩、颈、手臂之间的结构关

试一试

①临摹领、袖、腰饰、帽子各两个。

②参照服装局部图片，用写实的方法画出线稿。

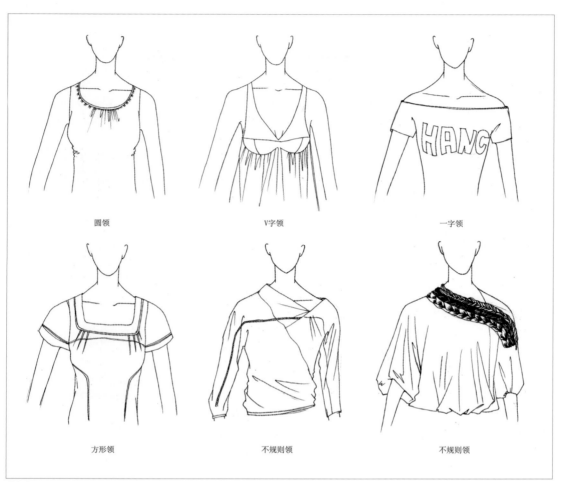

圆领 V字领 一字领

方形领 不规则领 不规则领

图6-2

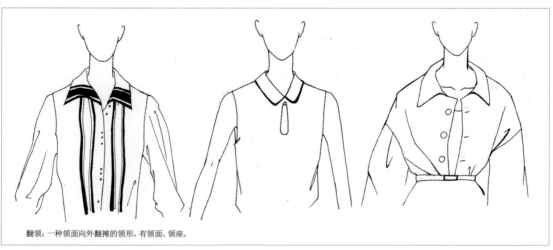

翻领: 一种领面向外翻摊的领形,有领面、领座。

图6-3

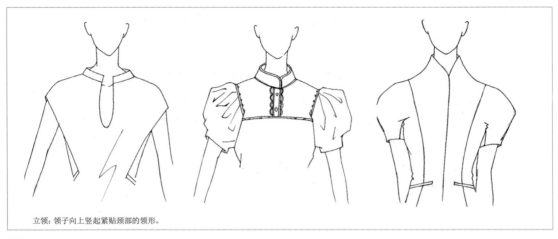

立领：领子向上竖起紧贴颈部的领形。

图6-4

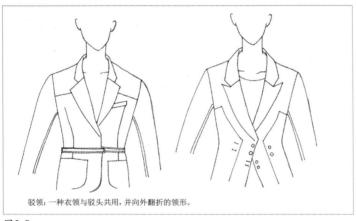

驳领：一种衣领与驳头共用，并向外翻折的领形。

图6-5

系（图6-7至图6-10）。

衣袖款式与服装整体造型的关系。

衣袖款式与服装整体造型要保持和谐的效果。袖型不同，它和衣身关系的处理方法也不尽相同（图6-11）。

3.腰饰的画法

腰饰主要包括皮带、布袋、金属扣、编织袋等（图6-12）。腰饰的正确搭配可以为服装造型增光添彩。

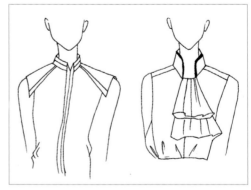

图6-6

①平装袖的特点就是袖窿衔接处平滑，吃水量小，如男士衬衣袖。

图6-7

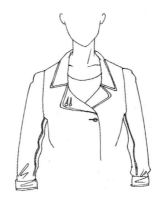

②圆装袖的特点就是袖窿衔接处，特别是袖山头较为饱满，如泡泡袖。

图6-8

③插肩袖：袖子的裁片是和肩膀上连着的袖型。

图6-9

④连袖：肩与袖连为一体的袖型。

图6-10

图6-11

试一试

①找一张服装漂亮的照片，根据照片画线稿。注意将绘图的重点放在人体的动态比例和服装的特点上面。

②教师规定一服装款式图，学生用自己熟悉的人物动态把服装"穿"上去。

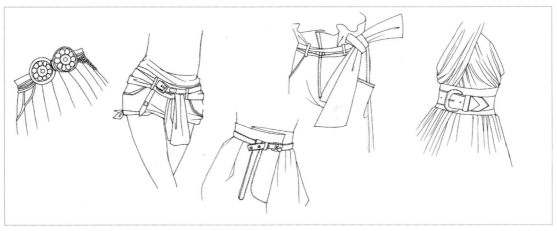

图6-12

4. 帽子的画法

帽子的类型多样，制作材料丰富。绘制帽子时，要注意它与头部的关系，帽子要与头部契合，大小得当。总的来说，帽子分为有檐帽和无檐帽两大类 (图6-13)。

图6-13

二、服装画线稿的画法

1. 服装画线稿绘制步骤

一般来说，服装画线稿的绘制主要分为三个步骤（图6-14）。

①勾画人体动态：在进行动态勾画时，人体各部位的比例及结构线必须要仔细考虑，力求动态的准确、优美。

②绘制服装线稿：运用铅笔、针管笔等进行线稿的绘制。需要注意的是，在绘制前对服装整体款式及绘制效果要有一个宏观的概念，然后把服装的轮廓大胆地勾勒出来。

③刻画细节：抓住服装特征，仔细刻画服装的细节部位，并依据服装款式，画出相应的人物五官和发型、配饰等。

图6-14

2. 各类常规着装

根据着装场合及功能的不同，服装可以分为很多不同的类型，如职业装、休闲装、礼服是我们在生活中经常穿着的几种常规服装类型（图6-15）。

3. 从服装照片到服装画线稿

参照照片进行服装画绘制，是服装画学习的一个有效方法，可以帮助绘图者熟悉人体动态以及服装面料、款式。把服装照片转换为服装画，可以忠实地记录服装的款式和细节，也可以进行艺术地夸张（图6-16）。

职业装：在绘制效果图时，要表现出职业装干练、帅气的服装形象，做到结构清晰，画面简洁生动。

休闲装：作为人们所喜爱的服装类型之一，休闲装变化多样、风格各异，所以进行休闲装的绘制时，可以选择不同风格的画法。

礼服：相对于日常穿着的服饰而言，礼服比较夸张而华丽，结构也较为复杂。在进行礼服绘制时，要交代清楚服装各部分的结构关系，并注意发饰、妆容与服装的协调。

图6-15

看图勾画人体：看图时，要分析人物的动态，注意重心、重心线、肩线、髋骨线的位置。

绘制服装线稿：运用铅笔、针管笔等进行线稿的绘制。需要注意的是，在绘制前，对服装整体款式及绘制效果要有一个宏观的概念，然后把服装的轮廓大胆地勾勒出来。

刻画细节：抓住服装特征，仔细刻画服装的细节部位，并画出相应的人物五官和发型、配饰等。

图6-16

4. 从服装款式图到服装画线稿

从服装款式图到服装画线稿,就是由平面到立体的转换,同样按照服装画线稿的基本步骤绘制。在绘制的过程中,要注意服装与人体的结构关系,可以根据服装的需要配以相应的人体五官、发型、配饰等(图6-17)。

图6-17

作品欣赏

学习要点	我的评分	小组评分	教师评分
我了解画线稿的主要工具（10分）			
我能绘制服装的各个局部（40分）			
我能完整地绘制服装的线描稿（50分）			
总　分			

学习任务七
服装画色彩表现技法

[学习目标]　让学生掌握服装画色彩表现技法,并能独立、完整地进行服装画的绘制。

[学习重点]　几种常见的服装画色彩的表现技法及绘制步骤。

[学习课时]　18课时。

一、彩色铅笔着色技法

　　彩色铅笔是常见的绘画工具,有普通的彩色铅笔和水溶性铅笔。彩色铅笔的特点是细腻柔和,可以进行非常精致地绘制,深入刻画服装的细节、图案和面料特点。在服装画的绘制中,彩色铅笔常常与其他的绘画工具相结合,这样绘制出来的服装色彩更为绚丽和丰富。

　　着色技法:按照效果图绘制的基本步骤,在线稿的基础上进行着色,着色时一般是从浅到深,先用浅色彩色铅笔画出服装的基础色调,再用深色刻画服装的阴影及细节部位,最后的完成图应该具有完整的立体效果(图7-1)。

试一试

①参照服装杂志,利用单一的表现技法,每种技法绘制5幅效果图。

②结合不同的表现技法,绘制5幅完整的服装效果图。

二、水彩着色技法

　　水彩着色法也称为淡彩着色法,是服装效果图的常用绘制方法之一。由于水彩颜料色彩较薄、快干,所以水彩效果图具有色彩明快、亮丽、线条流畅的特点,适合于表现多种面料,特别是轻薄面料。水彩颜料常常与钢笔一起使用,用水彩着色,钢笔勾边线,也称为淡彩勾线着色法(图7-2)。

①画出服装画需要的相应
人体。

②为人体穿上相应的服装。

③完成服装画线稿的
绘制。

④完成线稿后用铅彩开始着色。

图7-1

服装画色彩表现技法 |

①画出服装需要的
相应人体。

②用线描手法为人体
穿上相应的服装。

③由于水彩的不可覆
盖性，为了避免画脏，
在绘制时也要按照从
浅到深的顺序，先铺画
出人体和服装的大色
调。

④待第一遍的颜色干
后，再用深色刻画出服
装的阴暗部分和细节部
分。需要注意的是，整
个绘制的过程中用笔要
潇洒果断，不能拖泥带
水，才能保证画面的干
净。

图7-2

⦿⦿⦿ **知识链接**

**品牌：DOLCE&GABBANA多
尔切与加巴纳—地中海式的热情
浪漫**

类型：意大利 高级成衣
创始人：多米尼戈·多尔切
斯蒂凡诺·加巴纳
创始时间：1982年
创始地址：意大利蒙扎
网址：www.dolcegabbana.
it

该品牌是针对高、中收入消
费者的一线品牌，也是通常说的
正牌。风格比较成熟、豪华。穿
着DOLCE&GABBANA的女
性让你很容易记得，她们有着
最纯真的性情，但风格却是多
变，索菲亚·罗兰、麦当娜就是典
型。从2000年春夏开始，针对个
性要求日益复杂的消费市场，这
个品牌又分出黑色商标和白色商
标两种风格路线。黑底上有白色
DOLCE&GABBANA字样的是
更高档的品牌定位，更奢华和性
感，它的享用者多为声名显赫的人
物如黛米·摩尔、伊丽莎白、罗塞
里尼、惠特尼·休斯顿等。白色商
标是白底上的黑色商标，比较内敛
与优雅，是生活富足的都市女性
悠闲生活的写照。

D&G是针对中等收入年轻人
的二线品牌。从市场容纳度来讲，
它的风头甚至超过了正牌。年轻
女孩从家中找一些大人们喜欢的
中规中矩的服装，但又用意外的
方式搭配出来。体现自由、个性，
甚至反叛的味道，这就是D&G给
人们的感受。

三、水粉着色技法

　　水粉着色技法主要是利用水粉颜料加少量的水来进行绘制。水粉颜料的色彩比较浓重，覆盖性强，厚重，比较适合表现写实的风格，能够真实地展现服装的面料质感以及服装的细节部分，特别适合用来表现较厚的呢料、毛料、皮革等。

　　着色技法：由于水粉覆盖性强，易于改动，所以水粉着色是一种初学者比较容易掌握的服装效果图技法。在绘制中，多采用水粉平涂法，把服装分为多个色块，将颜料均匀平涂在色块中（图7-3）。

图7-3

四、马克笔着色技法

马克笔是一种快速绘画工具,它方便、快捷、干净,绘制的服装效果图表现力强、潇洒自如,能够将设计师脑海中的图像以最快的速度表现出来,深受当代设计师的青睐。马克笔分为油性和水性两种。

着色技法:①绘制线稿;②用马克笔粗的一端由浅至深地进行大面积的铺色,用笔要及时准确,注意留白;③用同类色的深色进行深入的刻画,要注意色彩的搭配,深浅色的运用,黑白灰的协调关系(图7-4)。

图7-4

五、运用计算机软件Photoshop、Painter 绘制效果图

除了传统的绘画工具以外，计算机也是一种现代、方便的绘图工具。常用的计算机着色工具有Photoshop、Painter等。

Photoshop、Painter软件绘图

Photoshop是Adobe公司旗下最出名的图像处理软件之一，是集图像扫描、编辑修改、图像制作、广告创意、图像输入与输出于一体的图形图像处理软件，深受广大设计人员的喜爱（图7-5）。

工作窗口　　　　　　　　　　　　　　　　控制面板

菜单

选项栏

工具箱

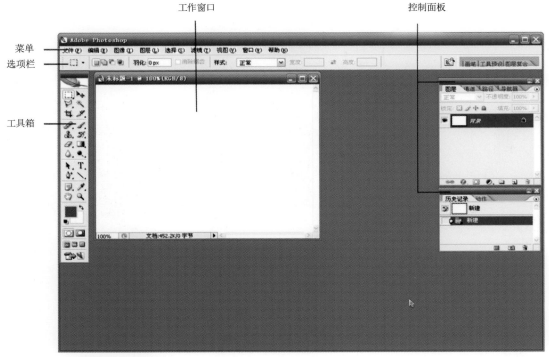

打开Photoshop软件，出现的界面。

图7-5

①运用手绘或软件绘制好线稿。

②绘制皮肤颜色：使用魔棒工具选取皮肤选区，新建图层1，然后运用油漆桶工具填充皮肤颜色（RGB颜色，数值为R255,G240,B235）。

③绘制头发：选取头发的部位，新建图层2，用油漆桶工具填充喜欢的颜色，并用加深、减淡工具进行加工，使头发具有光影的效果，也可以使用渐变工具进行填充。

④添加上衣颜色：使用同样的方法选取、填充上衣部位，然后运用"滤镜—杂色—添加杂色"命令，使面料具有牛仔布的质感。

⑤添加裙子颜色：选取裙身部分，新建图层，用粉红色填充裙身，打开图案文件，拖动图案到裙身位置，创建剪贴蒙版，把花纹绘制于裙身，并降低透明度，使面料具有轻盈感，最后，利用"图像—调整—色相/饱和度"命令调整裙边颜色。

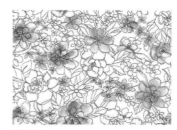

图案文件

⑥绘制配饰颜色：按照前面的方法，选取、填充配饰部分，选择喜欢的颜色，使用滤镜工具，尝试不同的纹理变化，最后用加深、减淡工具制造光影效果。

图7-6

花房姑娘

设计说明：

绿色的夏天，百花争艳，花丛里每个角落却散发着迷人的芳香。花一样的季节，花一样的姑娘。本款士吉上采用了刺绣和编织，色彩清新自然

设计师：王斌
袁泉伟

学习评价

学习要点	我的评分	小组评分	教师评分
我会使用彩铅、水彩、水粉工具（20分）			
我能用不同技法绘制着色服装效果图（80分）			
总　分			

参考文献

[1] 家馨.应用服装画技法[M].北京:中国纺织出版社,2006.

[2] 吕波,秦旭萍.服装画技法[M].长春:吉林美术出版社,2004.

[3] 黄嘉.服装画技法[M].重庆:西南师范大学出版社,2002.

[4] 韩静,张松鹤.服装设计[M].长春:吉林美术出版社,2004.

[5] 罗芳,彭华.时装画技法[M].北京:北京邮电大学出版社,2008.

（书中大量图片由四川美术学院、西安美术学院学生提供）